惊奇的生命探索

毛毛虫如何变成蝴蝶

[英] 塔尼娅·康德◎著
[英] 卡洛琳·富兰克林◎绘
岑艺璇◎译

吉林科学技术出版社

目 录

什么是蝴蝶？

蝴蝶是一种昆虫。它的生命从一颗卵开始，最开始从卵中孵出的是毛毛虫，毛毛虫完全长大后，就会形成蛹，在蛹里面，毛毛虫缓慢地发生着变化，当它出来的时候，就变成了一只美丽的蝴蝶。

昆虫的身体由三部分组成：头部、胸部和腹部。

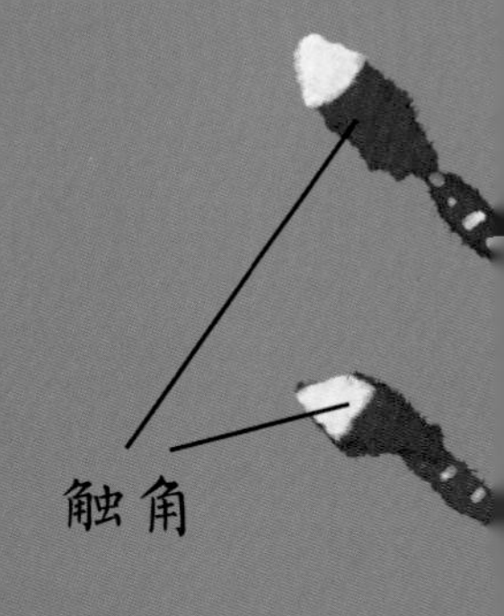

蝴蝶有两对翅膀和一对触角，许多蝴蝶的翅膀上都有鲜艳的图案。

彩色的翅膀
红花蝴蝶
头部
腹部
足
胸部

蝴蝶产卵吗？

雌性蝴蝶产下受精卵。雌性蝴蝶将卵产在叶子上，每个卵内都长有一条微小的幼虫，大约一个星期后，红花蝴蝶卵就会孵化，但是孵出来的看起来并不像蝴蝶，而是毛毛虫。

毛毛虫把卵顶破。

卵很黏，它们非常牢固地粘在叶子上不会脱落。

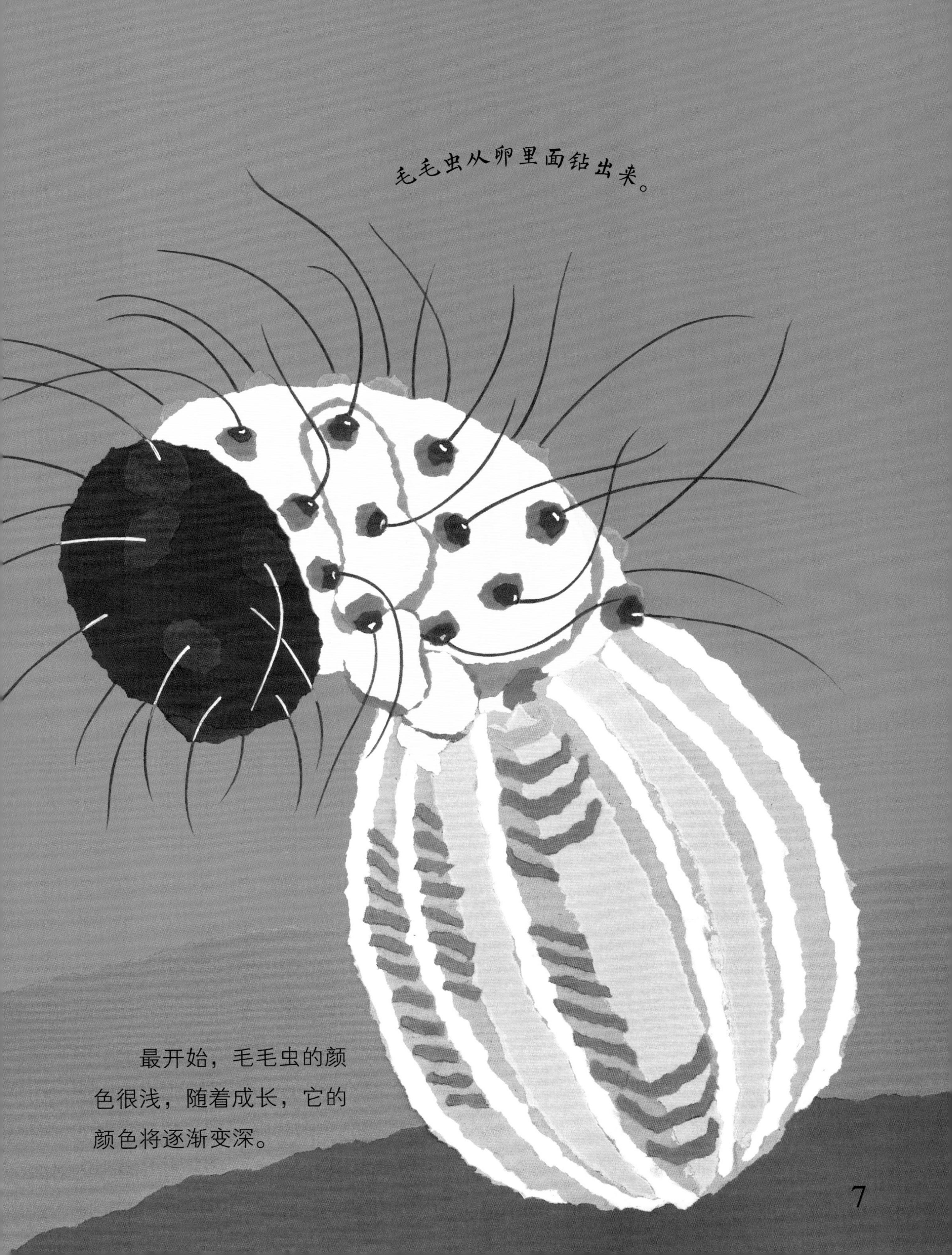

毛毛虫从卵里面钻出来。

最开始，毛毛虫的颜色很浅，随着成长，它的颜色将逐渐变深。

什么是毛毛虫？

毛毛虫一般指鳞翅目昆虫的幼虫，具3对胸足，腹足和尾足大多为5对，其身体色彩炫丽。虽然毛毛虫最终会变成蝴蝶，但是最初它看起来和蝴蝶没有一点关系。毛毛虫用它们的小短腿在植物上爬来爬去。

毛毛虫的脚上有一些细小的吸盘，可吸住叶片，使它们在叶片下面爬行而不会掉落。

头部
胸部
腹部

毛毛虫吃什么？

毛毛虫喜欢吃绿色的叶子，这样它们才能长大。它们还会吐出很细的丝。毛毛虫会将树叶卷起来，用很黏的丝将树叶粘成一个“帐篷”，然后它们躲在树叶帐篷里面一点点地把这个“帐篷”吃掉。

毛毛虫还可以利用这些黏黏的丝将身体悬挂在植物上。

毛毛虫藏在卷起的树叶里面

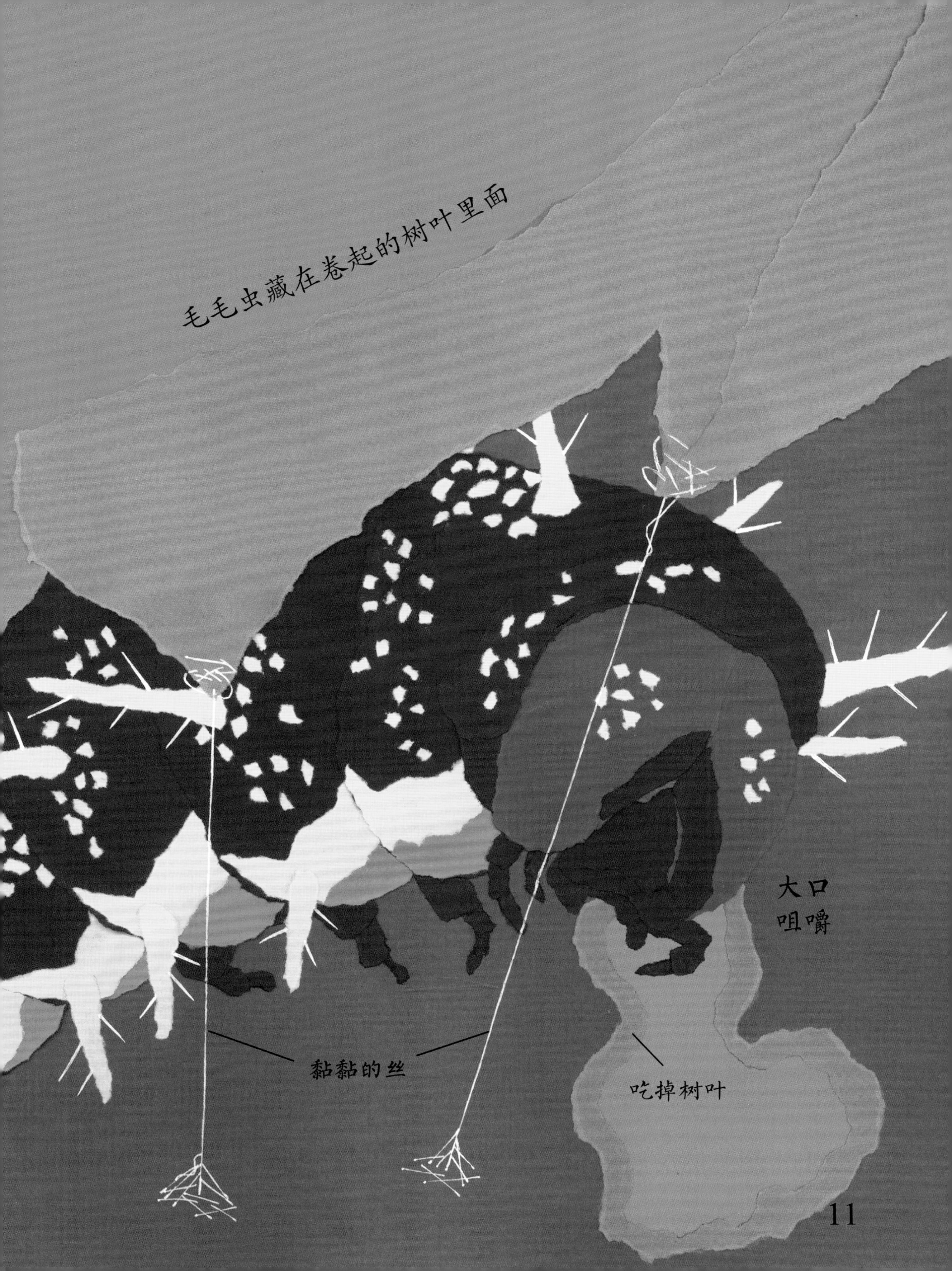

大口
咀嚼

黏黏的丝

吃掉树叶

为什么有些毛毛虫藏在树叶里面?

对于蜘蛛、马蜂和鸟类来说，毛毛虫是一种美味的食物。毛毛虫之所以藏在树叶里面，是因为要保护自己不被吃掉。

蜘蛛

有的毛毛虫有尖刺，可以保护它们抵御天敌的袭击。有的毛毛虫则可以像使用降落伞一样用丝从树上降落，从而摆脱危险。

为什么毛毛虫会蜕皮？

随着毛毛虫一点点长大，它的表皮会变得越来越紧，所以它要随着体形的增大而脱去外皮，这叫作蜕皮。蜕皮前毛毛虫在原有的表皮下面长出新的皮肤，新皮肤发育完成后将旧的表皮涨裂开，毛毛虫就从里面爬出来。

长出新表皮的毛毛虫
丝

毛毛虫是如何蜕变成蝴蝶的？

当毛毛虫长成熟的时候，它就准备变成蝴蝶了。它用丝将自己悬挂在植物的茎上面，然后进行最后一次蜕皮。

茧蛹

毛毛虫用丝将自己悬挂在植物的茎上，经过几个小时的努力，在毛毛虫周围形成坚硬的外壳，从头到尾覆盖着它，这种壳被称为茧。在茧的内部，毛毛虫逐渐开始蜕变成蝴蝶。

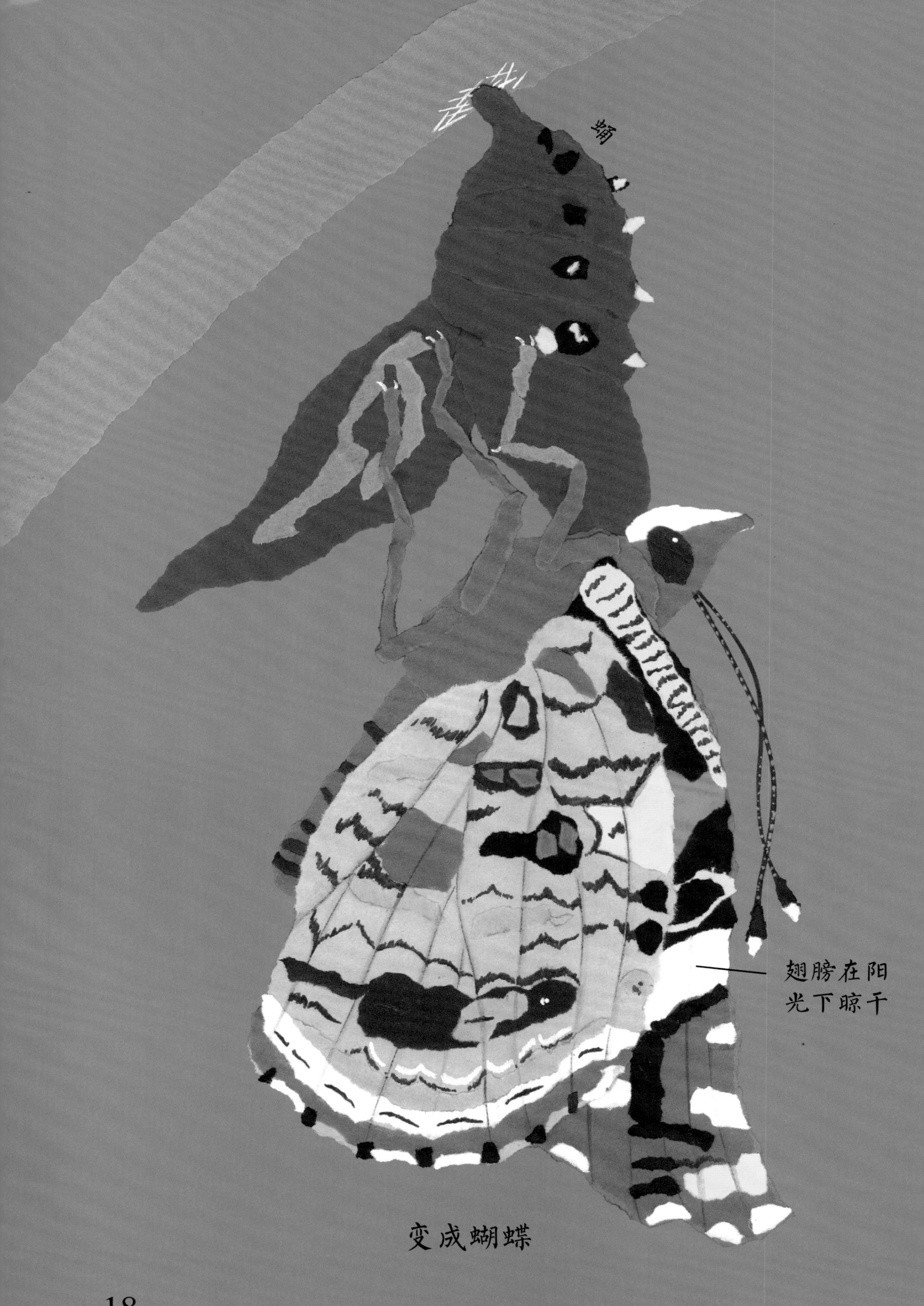
蛹
翅膀在阳
光下晾干
变成蝴蝶

蜕变成蝴蝶要花多长时间?

茧蛹大约三周后裂开，蝴蝶从里面爬出来，摇动它的翅膀，等到它的翅膀干了之后，就可以飞走了。

蝴蝶翅膀正面的图案与背面的图案是不同的。

为什么蝴蝶的翅膀上会有花纹？

蝴蝶有很多不同的种类。一些蝴蝶的翅膀色彩鲜艳，花纹精美，另一些则比较平淡无奇。鲜艳的色彩可以帮助蝴蝶吸引伴侣的关注，并吓跑天敌。

蝴蝶翅膀上的图案是对称的。

蝴蝶吃什么？

大多数蝴蝶靠吸食鲜花的花蜜为生。蝴蝶有一个长长的、卷曲的口器，它可以伸开吸取鲜花底部的花蜜。

蝴蝶可以飞多远？

一些蝴蝶可以飞行很远，穿过陆地和海洋，去寻找合适的食物或适宜的产卵地，这叫作迁徙。

赤蛱蝶可以连续飞行很久而不需要停下来休息。

赤蛱蝶迁徙

蝴蝶在冬天会去哪里？

蝴蝶不喜欢寒冷的天气。冬天到来，大多数蝴蝶会寻找一个温暖、干燥的地方睡觉，我们称之为冬眠。有些蝴蝶会成千上万只地聚集在一起冬眠。

蜗牛

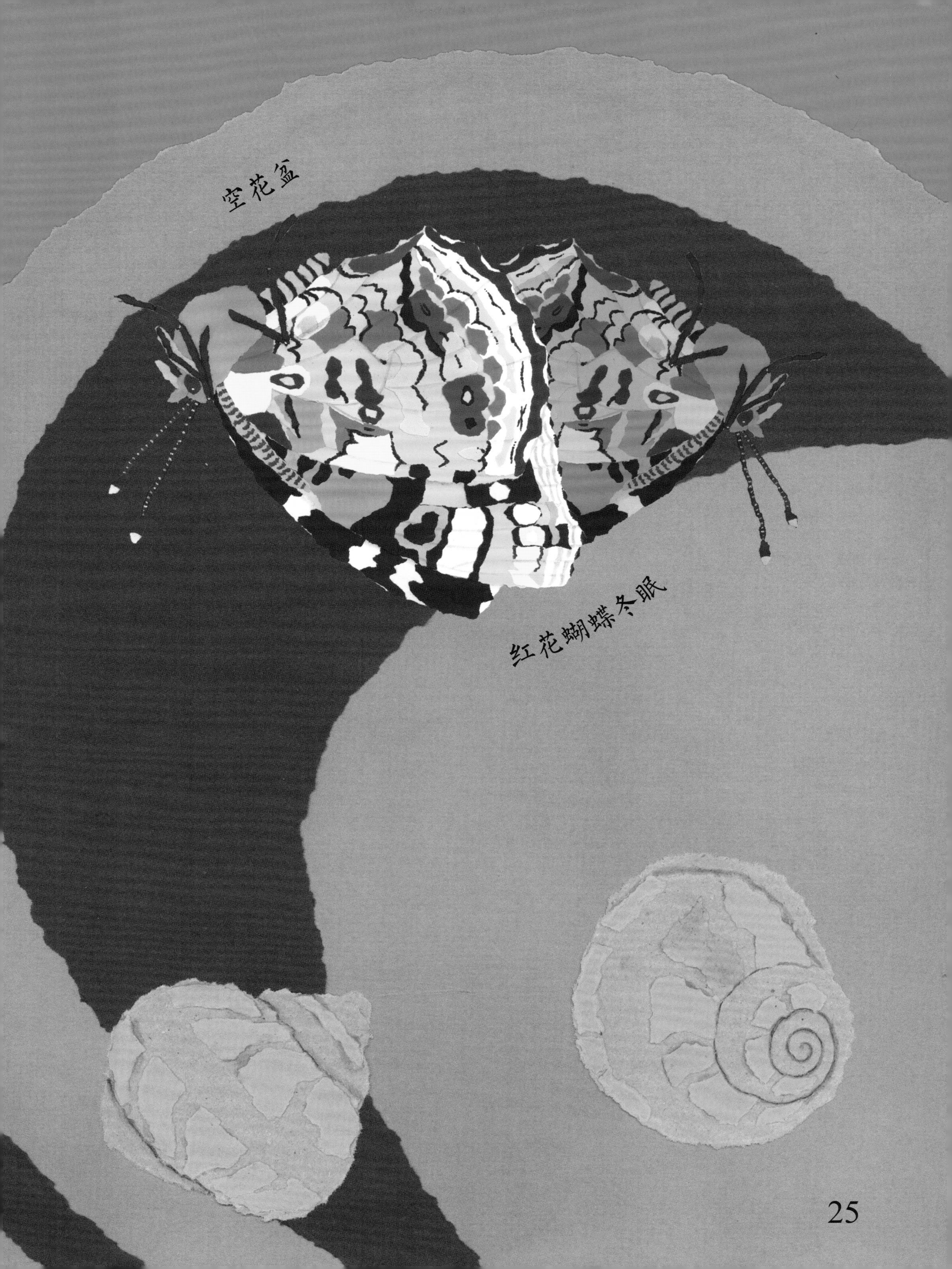
空花盆
红花蝴蝶冬眠

与蝴蝶有关的一些知识

1. 蝴蝶和飞蛾有什么区别？蝴蝶是白天飞行的昆虫，它有棒状的触角。飞蛾主要在夜间飞行，它的触角呈线状或羽毛状。

2. 最大的蝴蝶是生长在巴布亚新几内亚的亚历山大女皇鸟翼凤蝶，它的翼展能达到28厘米左右。

3. 体形很小的蝴蝶之中，有一种生活在非洲，叫作白缘褐小灰蝶，它的翼展只有1厘米。

4. 飞得最快的蝴蝶是北美的帝王蝶，它能够以每小时32千米的速度飞行。

5. 蝴蝶每秒钟扇动翅膀5～15次。

6. 有些蝴蝶只能活几天，长寿的蝴蝶种类可以活上几个月。

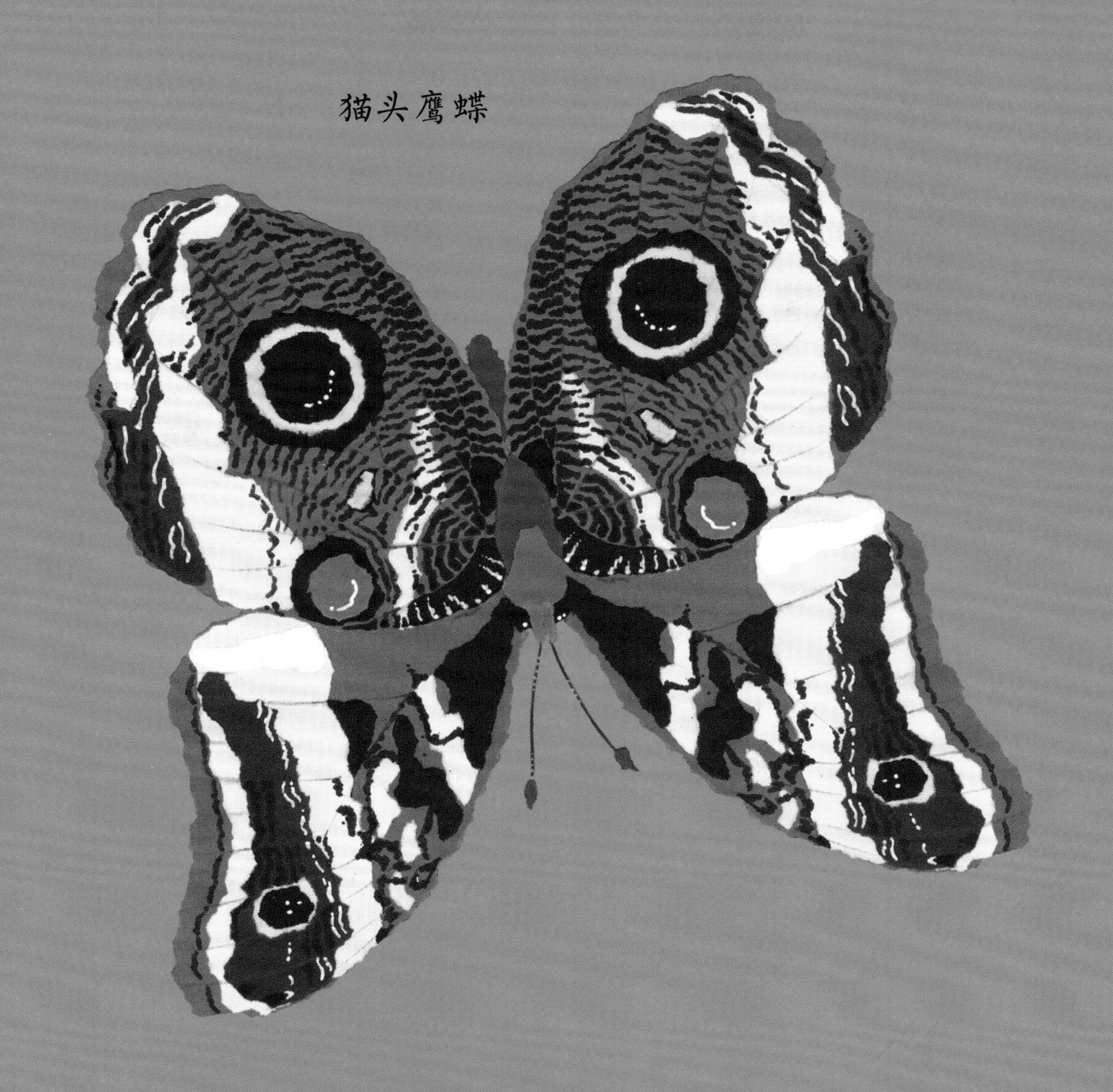
猫头鹰蝶

7. 南美洲的猫头鹰蝶的翅膀上有斑纹，使它看起来像猫头鹰，这有助于吓跑掠食者。

8. 牙买加燕尾蝶在毛毛虫时期看起来像只小鸟在向下落，所以掠食者不会将其视为美味佳肴。

9. 来自美洲的斑马蝴蝶颜色鲜艳，但是它们不用考虑如何躲藏，因为它们有毒，所以即使是它们的天敌也不愿意招惹它们。

10. 非洲枯叶蝶躺在枯叶中，看起来就像一片枯叶，因此掠食者很难发现它。

蝴蝶喜欢在色彩鲜艳的花朵上觅食。

做做看：让你的花园变成蝴蝶的乐园

如果你有花园，可以采取许多办法来吸引蝴蝶，让它们飞进你的花园。

蝴蝶喜欢在炎热的天气里晒太阳，可以在你的花园中放一块平坦的大石头，让它们待在上面。

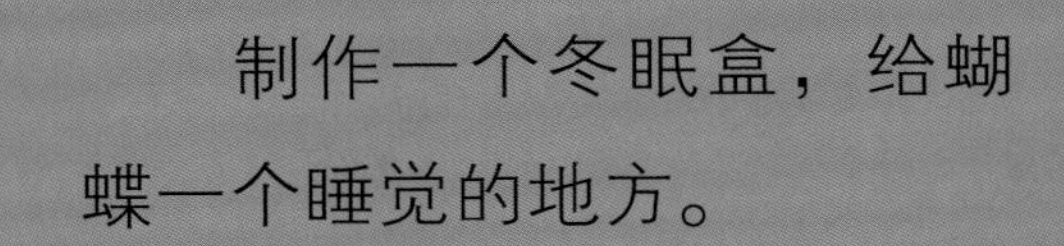

制作一个冬眠盒，给蝴蝶一个睡觉的地方。

蝴蝶喜欢从浅一点的水里喝水，你可以放一个鸟池，或者只是一个浅的盛有水的容器。

高高的草丛和植物可以帮助蝴蝶避雨。

蝴蝶的生命循环

成年蝴蝶

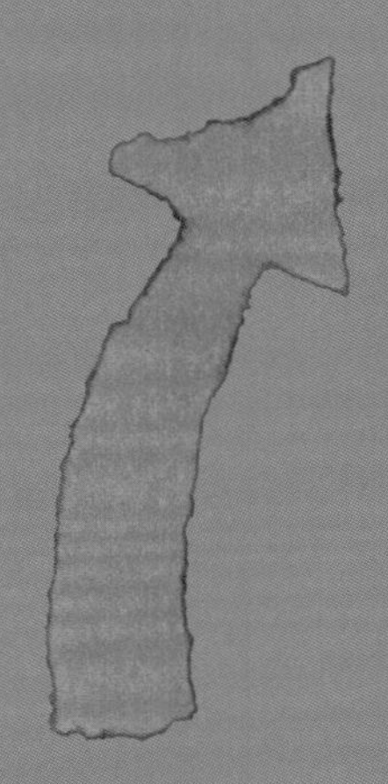

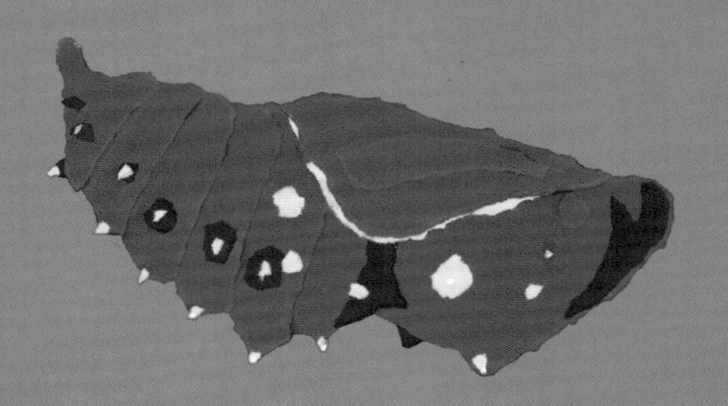

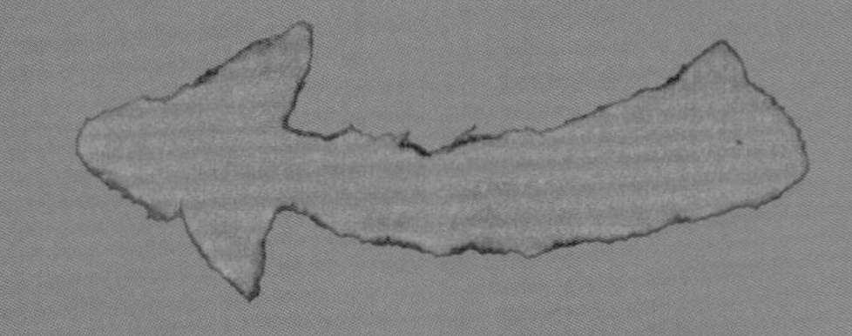

茧蛹

卵

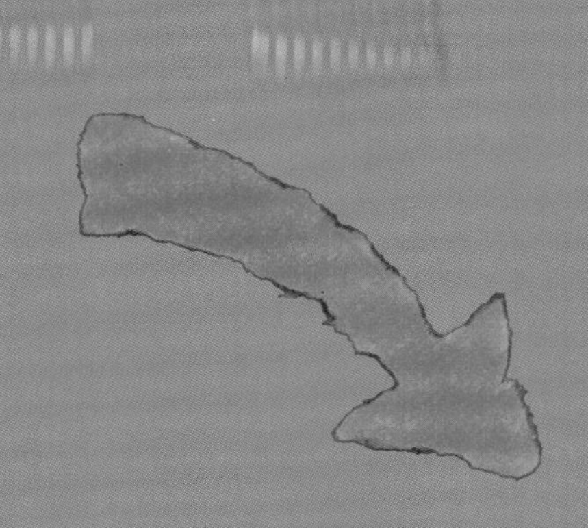

新孵出来的毛毛虫

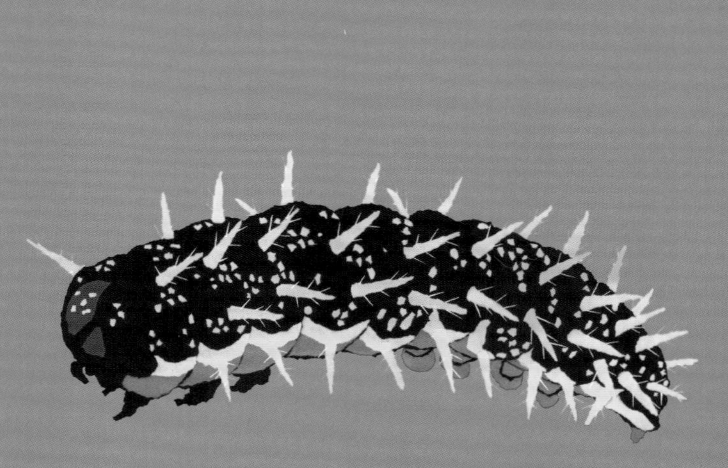

完全长大的毛毛虫

吉林省版权局著作合同登记号：
图字 07-2020-0063

图书在版编目（CIP）数据

毛毛虫如何变成蝴蝶 / （英）塔尼娅•康德著 ； 岑艺璇译. -- 长春 ： 吉林科学技术出版社, 2021.8
ISBN 978-7-5578-8089-7

Ⅰ. ①毛… Ⅱ. ①塔… ②岑… Ⅲ. ①蝶蛾科—儿童读物 Ⅳ. ①Q969.42-49

中国版本图书馆CIP数据核字(2021)第103245号

毛毛虫如何变成蝴蝶

MAOMAOCHONG RUHE BIANCHENG HUDIE

著　　者 [英]塔尼娅・康德
绘　　者 [英]卡洛琳・富兰克林
译　　者 岑艺璇
出 版 人 宛　霞
责任编辑 杨超然
封面设计 长春美印图文设计有限公司
制　　版 长春美印图文设计有限公司
幅面尺寸 210 mm×280 mm
开　　本 16
印　　张 2
页　　数 32
字　　数 25千字
印　　数 1-6 000册
版　　次 2021年8月第1版
印　　次 2021年8月第1次印刷

出　　版 吉林科学技术出版社
发　　行 吉林科学技术出版社
地　　址 长春市福祉大路5788号
邮　　编 130118
发行部电话/传真 0431-81629529 81629530 81629531
81629532 81629533 81629534
储运部电话 0431-86059116
编辑部电话 0431-81629518
印　　刷 吉广控股有限公司

书　　号 ISBN 978-7-5578-8089-7
定　　价 22.00元